# 生命日记
# 蕨类植物
# 肾蕨

王艳 编写

U0309932

吉林出版集团股份有限公司 全国百佳图书出版单位

**图书在版编目（ＣＩＰ）数据**

生命日记. 蕨类植物. 肾蕨 / 王艳编写. -- 长春：
吉林出版集团股份有限公司, 2018.4

ISBN 978-7-5534-1419-5

Ⅰ. ①生… Ⅱ. ①王… Ⅲ. ①蕨类植物—少儿读物
Ⅳ. ①Q-49

中国版本图书馆 CIP 数据核字(2012)第 316670 号

# 生命日记·蕨类植物·肾蕨

SHENGMING RIJI JUELEI ZHIWU SHENJUE

| 编　　写 | 王　艳 |
| --- | --- |
| **责任编辑** | 李婷婷 |
| **装帧设计** | 卢　婷 |
| **排　　版** | 长春市诚美天下文化传播有限公司 |
| **出版发行** | 吉林出版集团股份有限公司 |
| **印　　刷** | 河北锐文印刷有限公司 |
| **版　　次** | 2018 年 4 月第 1 版　2018 年 5 月第 2 次印刷 |
| **开　　本** | 720mm×1000mm　1/16 |
| **印　　张** | 8　**字　　数** 60 千 |
| **书　　号** | ISBN 978-7-5534-1419-5 |
| **定　　价** | 27.00 元 |
| **地　　址** | 长春市人民大街 4646 号 |
| **邮　　编** | 130021 |
| **电　　话** | 0431-85618719 |
| **电子邮箱** | SXWH00110@163.com |

# 目 录

## Contents

1

# 目 录

## Contents

# 目 录

## Contents

# 目 录

## Contents

# 肾　蕨

　　肾蕨，又名蜈蚣草、圆羊齿、篦子草，为多年生草本，属于肾蕨科肾蕨属，原产于热带、亚热带地区，野生于溪边林中或岩石缝内。肾蕨直立丛生，叶色浓绿，具有极高的观赏价值。

# 我的名字叫肾蕨

9月1日　周四　晴

　　我的名字叫"肾蕨"，可能大家对我还不是很了解，因为我喜欢生长在郁郁葱葱的树林里，作为观赏花卉进入城市，还只是这两年的事情。我们蕨类一族可是地球上最早出现的植物，在3亿多年前，我们的祖先就已经在地球上繁衍生息

了。在这个时期，蕨类植物的发展达到了鼎盛。后来，随着地球环境的变化，蕨类植物大部分灭绝了，剩下的一小部分进化成了现代蕨类植物。现在，我们蕨类家族分布于世界各地。光在中国就生活着 2600 多种蕨类。蕨类植物的叶子很漂亮，但我们不开花，所以以前人们很少注意我们。现在人们喜欢在室内养殖观叶植物，我们也就进入了千家万户。

# 我有一个很大的家族

9月2日 周五 晴

　　在一段时间之前，人们所能看到的蕨类植物一般都是来自于野外。近几年，人们越来越喜欢我和我的家族成员。我的家族成员众多，大家在不同的领域发挥着自己的作用，主要分为观赏蕨类和食用蕨类两大类。食用蕨类不仅具有极高的食用价值，还有一些可以入药。我们蕨类植物居住在各个

4

国家，有一些成员已经灭绝了，还有一些成员已经被列入国家级的保护植物。我们家族成员有一个共同的特点是不开花。当其他植物的花竞相开放的时候，我们一直都是郁郁葱葱的。在中国江南的古典园林之中，我们的家族成员一起点缀于假山和花坛之上。现在，我和我的亲戚一起，成为了新型的盆栽植物，点缀着众多的百姓之家。

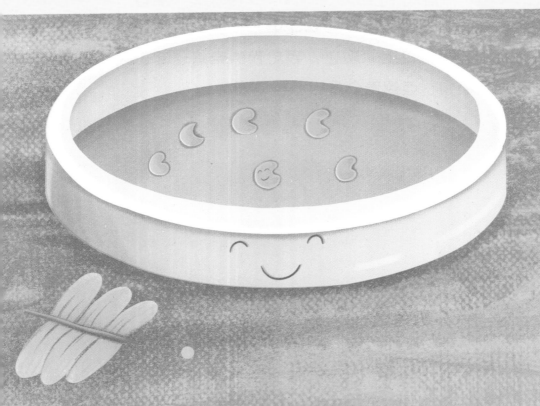

# 我可以用组织培养来繁殖

9月7日 周三 晴

我们蕨类植物不产生种子，只能产生孢子。孢子不易采集和贮藏，所以当我们需要大规模育苗的时候，有时就需要采用一种很先进的培育方法，这就是"组培"。这种方法在普通的家庭进行是非常困难的，不仅需要一个无菌的环境，还需要很多专业的仪器和设备。组培的时候可以用孢子，也可

以将蕨类植物的叶子切成一段一段的，放到培养基上，将这些材料培养成一个个新的小幼苗。这些操作都需要专业人员，才能够培养出整齐一致的优良种苗。小朋友们能够在市场上买到的幼苗，很大一部分都是在工厂里采用这种方法培育出来的。有机会的话，小朋友们可以去工厂里参观一下。

# 小主人为播种做准备

9月14日 周三 晴

　　我现在是一个非常非常小的孢子。今天，小主人和他的爸爸，把我和很多兄弟姐妹一起带回了家。小主人想看到我从土里一点点生长出来的样子，所以他要自己播种。蕨类植物的孢子可不常见，最好采集下来就播种。小主人爸爸的朋友是栽培蕨类植物的专家，我们这些孢子就是这位专家送给小主人的。他还配制了一些基质，消毒之后，一起送给了小主人。小主人准备了一个小盆，把小盆放到水里浸泡了一下。为了能够更好地透水，小主人在盆的最下层放了很多大粒的沙子，然后把基质倒了进去，浇了一次透水。现在一切都准备好了，让我们一起期待明天吧。

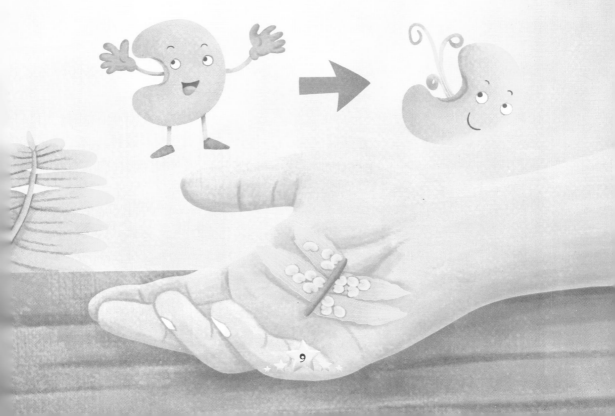

# 今天是播种的日子

今天可是我们播种的大日子。我们现在还装在硫酸纸做的纸包里。小主人把我们倒在一张纸片上，用手指轻轻地弹了弹纸。我们一个接一个地跳到了基质之上，大家为了将来能够有更大地空间生长，尽量均匀地分布在基质的表面。小主人，你要记住了，我们不是种子，所以播种之后，上面不需要再覆盖土壤了，如果盖上了厚厚的土壤，我们就可能长不出来了。小主人为了让我们有一个好的生长环境，在小盆的上面盖上了一块玻璃，这样可以保温、保湿、透进来暖暖的阳光，连脏东西也不能够进来打扰我们萌发了。现在，小主人，我要为萌发去做准备了，让我们一起加油吧。

# 现在的我很喜欢晒太阳

10月1日 周六 晴

今天的天气很好，太阳高高地挂在天上。上午，小主人非常准时地把我搬到了太阳下面，在萌发期，我每天都要晒四个小时的太阳，据说这样能够让我更快地生长。我萌发的时候，外界的温度不能太低或太高，我最喜欢的温度是

24℃-27℃。我喜欢潮湿一点儿的生活环境，在萌发的过程中，更是这样。玻璃覆盖之下的花盆中，能隐约看见水汽。这时如果发现花盆里有点儿干，也不能浇水了，那样会冲跑孢子，应该用小的喷壶喷水，这样空气就会保持湿润。虽然现在从外面还看不见我有什么变化，但是我的内部每一分每一秒都在为萌发做着准备。小主人，你就拭目以待吧。

# 我的细胞有细胞膜

10月3日　周一　晴

无论我是现在这样一个小小的孢子，还是等以后长成一大株肾蕨，组成我的最基本单位都是细胞。细胞非常非常地小，人类用肉眼是看不见的。但是这些小小的细胞，却有着大大的作用。地球上的植物和动物都是由这些细胞组成的。不过，植物细胞和动物细胞的结构有一个不同之处，这就是植物细胞有细胞膜，而动物细胞没有细胞膜。这两种细胞都含有细胞质和细胞核。不同植物所拥有的细胞的数量和形态也不完全一样。越高级的植物含有的细胞数量越多，还有一些低级的植物只由一个细胞组成。我现在身体里到底有多少细胞，我可没时间去查，只知道随着我长大，细胞的数量会越来越多。

# 我的细胞在长大

10月4日　周二　晴

　　我的细胞在慢慢地变大，数量也在逐渐增多。这些变化是一刻也不曾停止过的。细胞的变化，使得我的身体发生了变化，我在渐渐地长大。别看细胞小小的，结构也不是十分复杂，但是，细胞生长和分裂的过程却是非常有意思的。细胞由一个变成两个，是由于细胞分裂而形成的。光是细胞分裂就有减数分裂、有丝分裂、无丝分裂等好几种。虽然在生长过程中，有一些细胞衰老、死亡了，但是形成的细胞的数量要多得多。每个细胞都充满了活力，为我的各种生命活动做着自己的工作，贡献着自己的力量。小主人，你也是由细胞组成的，你能不能数得清自己的细胞啊？

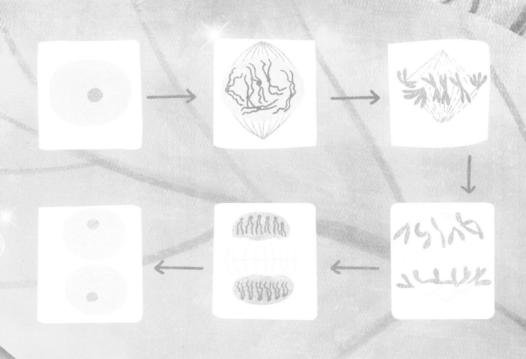

# 我的器官和组织

0月6日 周四 晴

在我身体里，数量众多的细胞所具有的生理功能并不完全一样。来源于同一个细胞的众多细胞，最后会慢慢地聚在一起。聚在一起的细胞达到一定数量，就形成了各种各样的组织，最后形成了器官。这些器官具有各种形态和结构，在我以后的成长道路上，发挥着各自的作用。植物的根、茎、叶、花、果实、种子，都是这样形成的。小主人，你的手、脚、心、肺等组织和器官，也都是这样形成的。大家工作的岗位不同，但是目的都是为了让各自的生命能够继续下去，所以大家都很伟大。小小的细胞最伟大！

# 根状茎是根,还是茎?

10月7日 周五 晴

随着细胞数量的增加、体积的增大,在我小小的身体里,根、茎、叶等器官的雏形也开始出现。这里就有我的一个很重要的器官——根状茎。其实我也经常在想,这根状茎到底是根,还是茎? 小主人告诉我,根状茎是茎的一

种。我们蕨类植物的茎大多不太发达，并不像牵牛花、向日葵等植物那样具有非常明显的茎。我们的茎反倒是像其他植物的根一样，半埋在土壤中，所以叫作"根状茎"。虽然根状茎属于茎，但是它的作用更倾向于根。当然，也不是所有根状茎都长得像根，我们家族的桫椤的根状茎就是直立出土的，又发达，又粗壮，是植物的主干。

# 在没有氧的时候，我也可以呼吸

10月9日 周日 晴

今天早上，我被小鸟叽叽喳喳的叫声吵醒。伸个懒腰，活动活动身体，我深深地吸了一口气。我的身上覆盖着薄薄的一层土，空气通过土壤的空隙进来。我努力地呼吸着带有泥土芳香的空气。小主人只能生活在充满氧气的空间之中，因为他必须呼吸到氧气才能生存下去。我们植物的呼吸作用

却有两种，一种必须依靠氧气才能进行，叫作有氧呼吸；另一种在无氧的环境中也能进行，叫作无氧呼吸。不仅是正在生长的植物能够进行呼吸作用，采摘下来的水果和蔬菜也能够进行呼吸作用，所以在长时间贮藏水果和蔬菜的密闭空间中，氧气大部分被呼吸作用消耗掉了，如果要想进入的话，千万要小心啊！

# 我长出了好多须根

10月10日 周一 晴

　　今天，我的根状茎上长出来一些根。现在，这些根数量很少，长得也非常纤细，叫作须根。过一段时间，根状茎的周围会生出更多的须根。这些须根会牢牢地抓住土壤，让我们站得更稳。须根的数量越多，我们就能从土壤中吸收到更多的水分和有机物质，它们可是植物生长的好帮手。我的须根现在还只是淡淡的黄色，大部分分布在土壤的表层，它们正在寻找机会，向土壤的更深层生长。大家加油吧！还有很多植物生有主根，这种根能够深深地扎入土壤之中，一般比较粗壮，非常好认，而它们的须根就生长在主根之上。虽然我没有主根，但我仍然会站得很稳。

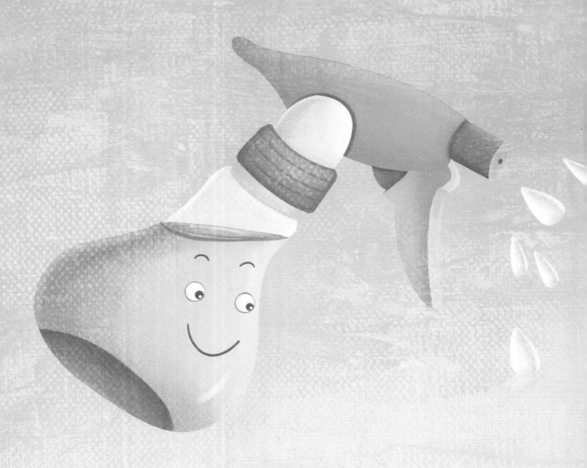

## 好渴啊

10月12日 周三 晴

最近的天气一直很好，小主人说这叫"秋高气爽"。从播种到现在已经有一段时间了，土壤中的水分被我吸收了一些，还有一部分也蒸发掉了，土壤中的水分越来越少。小主人，我好渴啊！水在我的身体里占了很大一部分，缺水的时候，我的呼吸会变得不通畅，细胞也没有办法生长了，这可让我怎么长大呢？好在小主人也注意到了这点，他赶紧拿来喷壶，把我周围的环境都喷得湿湿的。不过，小主人，让周围变得湿湿的就好了，不要对着我喷，我现在还很柔弱，如果把我的根弄断了，我就没有办法好好生长了。

# 我的家族成员

10月14日 周五 小雨

外面下起了小雨，空气里充满了雨的味道，我最喜欢这种湿润的感觉了。我们蕨类都喜欢生长在湿润的地方，特别是空气越湿润越好。其实，最适合我们蕨类生活的地方，并不适合人类长时间生活，因为那里一定非常湿。蕨类植物根据生活的环境不同，可分为水生和陆生两大类。

不同种类陆生蕨类的根对水分的要求也不同，据此可分为湿生、中生和旱生三类。其中，我非常佩服旱生蕨类，虽然它们也非常喜欢湿润的环境，但是它们非常坚强，非常耐旱。虽然我应该学习它们的精神，但是，小主人，你还是不要忘了喷水才好。

# 我终于从土壤里钻了出来

10月16日 周日 晴

　　今天，经过不懈的努力，我的小叶终于冲破重重阻力，来到了土壤之上。一瞬间，我的整个世界都变得明亮起来。不过，这个季节并不是大部分植物萌发的季节，室内的大部分植物还保持着绿色，室外的植物却已经开始褪掉绿色的夏装，有一些已经换上了黄色的秋装，还有一些植物甚至换上了红色的衣物。其他的兄弟姐妹也陆续钻出了土壤，但是大家还都很小，现在只是一个一个绿色的小点点，分布在土壤之上。小主人，你有没有注意到我们啊?

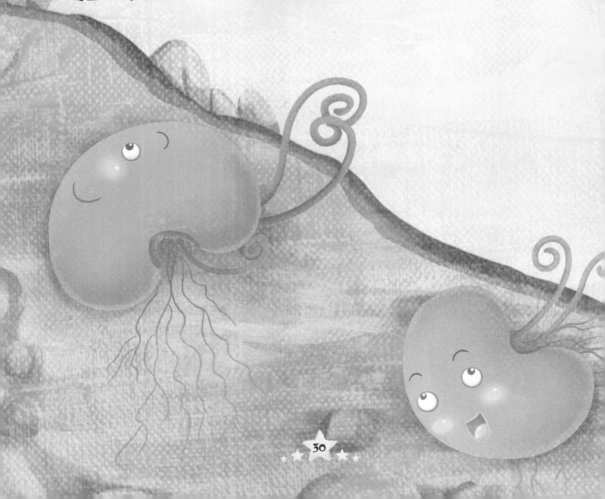

# 我自己就长了好几种叶子

10月17日　周一　晴

　　我的叶子是从根状茎上生长出来的，现在还看不出来它的形状，它太害羞了，所以卷成了一个小团。现在能看到的就是叶柄在一点一点地长高，叶片就这样紧紧地卷曲在叶柄的顶端。虽说我的叶子看起来都差不多，但是它们的形态差别非常地大，不同形状的叶子具有不一样的功能。我的叶子根据大小可以分为大型叶和小型叶；根据能不能帮忙繁殖，可以分为能育的孢子叶和不能育的营养叶。这么多种叶子除了让我更漂亮以外，大家拥有共同的目标，就是让我更健康地生长。大家一起加油吧。

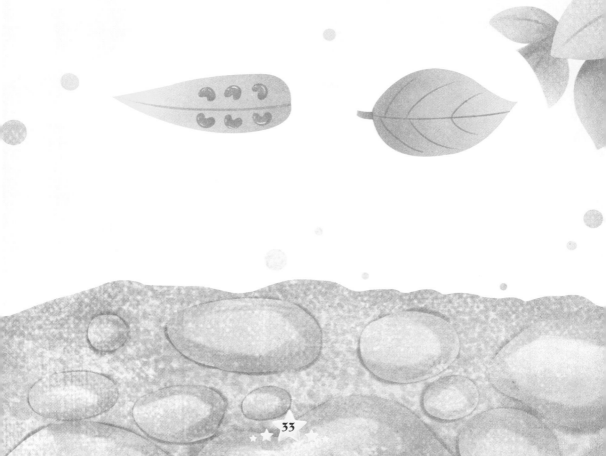

# 我的叶子终于伸平了

10月20日 周四 晴

随着我的生长，害羞的嫩叶也忍不住好奇，慢慢地展开了。它展开的时候也非常地可爱，一圈一圈有条不紊地展开，并渐渐变成了绿色。展平的叶片很光滑，一个大叶片由许多小叶片组成，小叶片分别排列在叶柄的两侧，非常有秩序，也非常好看。我的根状茎上还会长出更多的叶子，叶子的数量多了，就会形成大大的一丛。大家需要自己在根状茎上找好自己的位置，因为根状茎不是太大，所以大家有的直立着，有的斜生着，有的披散着生长在根状茎上。不过，要想看到这么繁荣的景象，还需要一段时间。小主人，敬请期待吧！

# 我可以制造氧气

10月22日　周六　晴

今天的太阳暖暖的，从一早上开始，我就伸开绿色的叶片，吸收着空气中的二氧化碳，同时释放出了氧气。小主人说这叫作"光合作用"，这也是我们绿色植物对地球最大的贡献。正是由于我们生产了氧气，动物才能够在地球上生活下

去，这可是地球上能有生命存在的一个重要原因。所以小主人，如果人类想要舒舒服服地在地球上生活下去，应该好好保护绿色植物。要是我们绿色植物都消失了，地球上的氧气就会越来越少，到了那个时候，人类和其他动物都没有办法呼吸了，大家可就要一起死掉喽。

# 我要准备过冬了

11月1日 周二 晴

最近一段时间，我长出来好多叶片。这些叶片虽然还没有长大，但是大家在有阳光的时候，都努力地制造氧气。在这个过程中，我们也为自己制造了很多有机物质，为以后的生长发育储备了很多粮食。现在，天气一天比一天冷

了，外面小树的叶子已经全掉了。虽然，屋子里不冷，但是看见室外的植物都开始了冬眠，我也变得非常的困。那么，就让大家一起睡觉吧。我这可不是偷懒，这是为了明年生长做准备。小主人，你也要好好睡觉，将来才能长得更高大。不过，你每天睡几个小时就好，可不能像我们一样睡好几个月哦。

# 我也是有感觉的

4月1日 周日 晴

今天，我感到一阵晃晃悠悠，发生了什么事情？我睁眼一看，原来小主人觉得春天到了，应该让我晒晒太阳了，所以把我搬到了室外。不过，小主人，你也要小心一些啊，这

么使劲地晃来晃去，我的头都晃晕了。虽然说我不能直接和你对话，但是我也是有感觉的。我能感觉到什么时候是白天，什么时候是夜晚。当小昆虫在我身上爬来爬去的时候，我也能感觉到痒痒的。我也是很感性的，好不好。

# 我的叶柄是一条生命线

4月5日 周四 晴

　　今天，我趴在窗台上，看见院子里的桃花都已经开了，终于知道了什么叫作繁花似锦。但最让我感慨的是，它们的茎好高、好直啊。我就没有这样的茎，高高挺出土壤的是我的叶柄。其实，我的叶柄也是非常漂亮的，它们直直的，下面着生在根状茎上，上面生有叶片。叶片通过光合作用生产的有机物，通过叶柄运到了身体的其他部位。根吸收的水分和有机物质也通过叶柄运到了叶片。叶柄就像高架桥一样，连接起这一上一下的两端。如果叶柄折了，那么这条生命线就断了。所以，小主人，要保护好我的叶柄哦。

# 小小的叶绿体，大大的作用

4月6日 周五 晴

为什么只有我们绿色植物的叶片才能进行光合作用呢？这是因为在我们的叶片里，分布着很多叶绿体。如果说绿色植物是有机物质和氧气的加工厂，那么这些叶绿体就是分布

于绿色植物之中的加工车间。光合作用主要就是在叶绿体上进行的。它们非常小，人类用肉眼根本看不见它们，但它们的结构非常复杂。在人类看不到的地方，这些叶绿体不停地制造着氧气，维持着地球的生机。叶绿体含有较多的叶绿素，这才使叶片看起来是绿色的。小主人，你在呼吸清新的空气的时候，不要忘记感谢一下这些小小的叶绿体哦。

# 我一直在出汗

4月8日　周日　晴

虽然天气不是很热，但是我却不停地出汗。我身体内的水分，就这样通过叶面散发到了空气中，这个过程叫作"蒸腾作用"。这也是大量植物聚集的地方，空气不干燥的一个重要原因。小主人，虽然你不会经常在我的叶片上看见蒸腾

出来的水珠，但是蒸腾作用却是一直在进行着的。这就要求我得吸收足够的水，来补充蒸腾出去的水。所以，小主人，要注意观察，保持我的土壤湿润哦。就像人类出汗一样，蒸腾作用会使我们的身体保持一个很舒服的体温。但是，小主人浇水的时候不要浇湿了我的叶丛哦。

# 我喜欢待在阴凉的地方

4月15日 周日 晴

今天，小主人看天气不错，就准备让大家好好晒晒太阳，他费了好大的劲，把大家一盆一盆搬到了院子中，给大家找了一个阳光最充足的地方。有好多花晒得非常开心，它

们本身非常喜欢阳光，晒过太阳后，变得神采奕奕。可是，小主人，我都已经晒晕了，快来救救我啊！我不喜欢太阳直射，就喜欢待在阴凉的地方，这么强的光线照这么长时间，我感觉我的叶片都要干掉了。小主人，叶片都有一点变黄了，你看见没？还好小主人的爸爸发现了我，把我又搬到墙边阴凉的地方。终于得救了！

# 我喝到了有营养的水

4月17日 周二 晴

今天，小主人买回来好多各种花卉的专用肥，准备给各种从休眠中醒过来的花，好好地补一补，让大家在未来的日子里，能开出更漂亮的花。这里面当然也有属于我的肥料。

小主人按照说明，把各种肥料配成了有营养的水，一盆花一盆花地浇着。这水可真好喝啊！其实，我们蕨类植物并不需要太多的肥料，原来生活在野外的时候，即使在没有什么营养元素的土壤中，我们也可以健康地生长着。但是，谁不喜欢有营养的东西啊，要是能够给我良好的营养供应，我就会长得更加旺盛。小主人，你就等着看吧。

# 我要换土了

4月20日  周五  晴

随着我们渐渐长大，原来住的那个小盆显得非常拥挤。大家挤在一起，虽然显得热热闹闹的，却没有什么空间让大家继续生长了。小主人决定让我们分开居住，争取让我们都住上单间。小主人从市场上买回来好多土，这些土是由园

土、塘泥、沙、腐殖土、泥炭土、珍珠岩、树皮等东西按照一定比例配制而成的，很适合我们蕨类的生长。小主人怕我们生长时营养不够，还在土里掺入了一些有机肥，住在这种土壤之中，一定非常地舒服，我都有点等不及了，真想早点站上去试一试。

# 我住进了新的房间

4月21日 周六 晴

今天是我们住进新房间的日子，还真是有那么一点儿激动。我们这些小苗被从原来的花盆中倒了出来，根部的土也被轻轻地抖掉了。小主人给我挑了一个非常漂亮的花盆，他先在花盆最底下铺了一层珍珠岩，这类物质排水性非常好，有它们在，花盆里的土就不会积存过多的水。小主人在配好的

54

土里又掺了一点木炭，这些木炭可以把附着我根部的有害化学物质吸收掉，让我更健康地成长。小主人把土填入花盆，填到了花盆的一半以上。我被放在了新花盆的正中，小主人接着往花盆里填土，我的根部被埋了起来。最后小主人把土压实，又浇了一次透水。

# 新房间真舒服啊

　　前一段时间，因为我刚刚住进新房间，小主人为让我更好地生长，一直把我放在非常阴凉的地方，这让我能够好好地缓苗。就算再小心，在住进新房间的时候，我的根部还是受了一点儿小伤，但我的根部非常坚强，现在已经恢复得差

56

不多了，又能非常有干劲地从土壤中吸收水分和营养物质了。现在的房间很大，我有了足够的空间可以自由生长。小主人今天给我浇了水，还把我挪到了有散射光的地方，在这里，既没有直射的阳光把我晒伤，还可以利用光为自己生产一些有机物质，真是非常地不错，谢谢小主人了。

# 我有一些兄弟姐妹被种到了地里

5月15日 周二 晴

上个月我们住进新房间的时候，因为花盆不够分，所以还有一部分兄弟姐妹只能挤在最初的花盆里。此时大家又长大了不少，真的不能再挤下去了，所以小主人决定把它们直接种到院子里。小主人在有院墙遮阳的地方选择了一块地，

小主人的爸爸帮他把土翻了一下。我们蕨类对土壤没有什么特殊的要求，所以并不用翻得太深。小主人选择了一些小肾蕨，把它们从花盆里倒了出来，尽量不弄伤它们的根部，把它们一棵一棵种下去，最后把土压了压，浇了一次透水。生活在地上的伙伴们，大家也要加油啊！

# 分成一块一块的根状茎

5月20日 周日 晴

我们蕨类植物的根状茎和根上能形成许多新芽和不定根，这些新芽和不定根单独种植之后，就能形成新的植物。有一些品种的蕨类植物，甚至连叶子都能产生新芽和不定根，所以我们的繁殖能力可是非常强的。小主人的家里原来

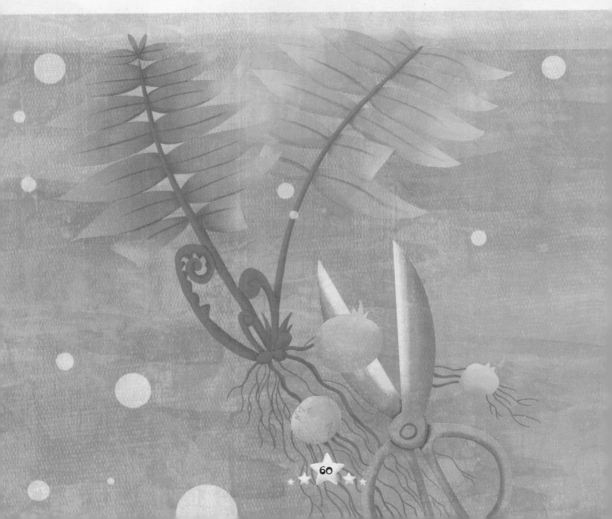

就生长了好几盆肾蕨，现在已经长成了满满的一大盆，已经
到了应该分家的时候了。小主人把一大丛肾蕨从花盆里倒了
出来，用一把非常锋利的刀把根状茎分成了两三份，他尽量
让每一份根状茎上都带有新芽，然后小主人像让我住进新房
间时候一样，把每份重新种进一个新花盆。这样，大家都能
够住得更舒服一些了。

# 我长出了匍匐茎

5月25日　周五　晴

最近，我的根状茎上长出了好多匍匐茎，小主人说它们看起来非常像铁丝。这些茎没有向上生长，而是横生在根状茎上。不仅我生长出了匍匐茎，比我晚一些时候种到院子里的肾蕨，也长出了匍匐茎。院子里的土壤面积比较大，它们

的匍匐茎在地上待了一段时间之后，居然生出了新芽，这些新芽的下面还长出了根。小主人在这些新芽附近压了一些土，他说过一段时间等这些新芽再长大一些，就可以切断它们与母株的联系，它们就会成为一株新的肾蕨了。我们肾蕨在这个家里的数量真是越来越多了。

# 院子里有了小凉棚

6月1日　周五　晴

今天的太阳仍旧高高地挂在天上。现在太阳挂在天上的时间越来越长了，太阳光也越来越刺眼。有很多植物很喜欢太阳，总是张开笑脸，迎接着太阳，我还是喜欢待在不会被太阳直射的地方，现在这么热情的太阳，我更要躲得远一些了。我们这些住在花盆里的蕨类还好，说搬到什么地方，小主人就可以搬到什么地方。可是住在院子里的那些蕨类，就不那么容易搬动了，难免不被太阳照到。还是小主人最有办法，他给这些蕨类搭了一个小凉棚，这样那些兄弟姐妹就不会被晒伤了。小主人，真是让我太感动了。

# 我们还能在石头上生长呢

6月3日 周日 晴

今天，家里发生了一件新奇的事情，小主人爷爷的石头盆景上，居然长出了一棵小小的肾蕨。石头盆景上并没有多少基质，一棵小肾蕨就那么倔强地站立在上

面，引得家里的人都来围观。爷爷说，我们蕨类植物生命力非常地顽强，对土壤的酸碱度也没有什么特别的要求，在大的园林的假山上、石墙上，甚至在一些石缝里，我们都能够生存下去。正是因为我们这种强大的生命力，才使得我的家族从远古走到了今天，甚至见证了人类的进化过程。大家一致决定，让这棵肾蕨就那么生长下去。我真为我是一棵肾蕨而骄傲。

# 我不喜欢太凉的水

6月5日 周二 晴

今天中午的时候，小主人没有事情做，居然拿着喷壶来浇水。他直接接了一些自来水，劈头盖脸地就浇了下来。水真的是太凉了，激得我当时就打了一个冷战。小主人，这样会让我生病的。从早上到现在，我和土壤都已经变得暖暖

的，你就这样一盆凉水浇了下来，我的根都觉得受不了了。你应该把水存放一段时间，让水温变得不那么凉，而且自来水中的氯气也有时间挥发出去，这样不会伤害到我。这个季节浇花最好的时间是清晨和傍晚。在冬天，倒是可以在中午浇水。还有，对于蕨类来说，水滴不应该在叶子上停留太长的时间，否则我们的叶子会烂掉。

# 我的新位置

今天，小主人给所有待在屋子的植物重新安排了一下位置。我的新位置位于窗台下，两旁是两盆非常高的巴西木。阳光透过巴西木的枝叶，只有星星点点的阳光能够照到我的身上。窗台这边还比较通风，就是现在我看不见窗外的景象

了，只能听巴西木给我讲讲。虽然说我很喜欢阴凉，但是偶尔晒晒太阳也是没有什么问题的啦。你可以给我放到东向或东南向房间的窗台上，其实，长期晒不到太阳，我也会变黄，而且光合作用会变弱，那就没办法帮小主人生产更多的氧气，那怎么可以啊。

# 我的叶面也能吸收营养哦

6月22日 周五 晴

今天，小主人决定给我补充一下营养。他买回来一袋蕨类植物的专用肥料，仔仔细细地阅读了使用说明，按照使用说明把肥料溶解在水里。小主人特意选择了一个喷雾效果非常好，但是劲又不是特别大的喷雾器。他将肥料水灌进了喷雾器，小心翼翼地把我的叶片翻过来，朝着叶背面喷水。这样，我能通过叶子吸收到更多的营养元素，而且肥水没有喷到叶面上，就不会灼伤叶面。如果不小心把肥料溅到叶面上，也不用太担心，只要迅速地用清水将肥料冲洗干净，就可以了。小主人，下个月还要喷这种水哦！

花肥

# 我长出了珠芽

6月25日　周一　晴

生长在院子中的蕨类植物，不只有我们肾蕨，还有好多其他品种的蕨类。这些蕨类特别有意思，它们的叶片上能直接长出小植株，怎么样，很神奇吧。这些小植株有它们自己

74

的名字，叫作"珠芽"。这些蕨类植物通过这些小小的珠芽，就能够繁殖出新的植株。其中，有一些植物的叶子顶端生有珠芽，只要这些珠芽接触到地面，就能够生长出新的植株；另一些植物的叶子上生有根和叶，只要叶子碰到地面，就能够生长出新的植株。小主人，这是植物特殊的繁殖方式，你把手埋在地里，是不会发芽的哦。

# 我喜欢微风吹过的感觉

7月1日　周日　多云

从早上开始，天就是阴阴的，一阵阵风吹过，风都是湿湿的，看来过一会儿就要下雨了。这种微风，能够把炎热的空气带走，我还是非常喜欢的。随着风的流过，空气中的氧气也充沛起来。虽然我可以制造氧气，但我还是喜欢空气清

新、充满氧气的环境，所以小主人会时不时地开开窗、开开门，促进空气的流通。但是，如果风太大了，我就不喜欢了。就像小主人顶着大风，没有办法呼吸一样，我在大风里也非常难受，有时风太大了，我站都站不稳，根都要从土壤里跑出来了。所以，还是让微风多多地吹过吧！

# 玻璃容器也能成为我们的家

7月3日 周二 晴

今天，姐姐送给小主人一个大大的玻璃缸。玻璃缸圆圆的，通体透明，我怎么看都觉得这是一个鱼缸。小主人突发奇想，不养鱼，要养花。他在玻璃缸底部铺上了厚厚的一层珍珠岩，又掺进入了好多陶粒，最后只放进去一点点的泥炭土。随后，小主人精挑细选了好几种很小、很可爱的蕨类，有卷柏和荷叶铁线蕨等，种到了玻璃缸中。小主人说，这叫"无土栽培"，你是看我们蕨类抗折腾是吧？不过，看看收拾好的玻璃缸，这几种小型的蕨类组合在一起，还真别有一番意境，好像一个琉璃世界中的小花园，非常地漂亮。

# 舒舒服服地过夏天

7月13日　周五　晴

现在算是进入名副其实的夏天了，外面的太阳越来越热情，不过有时也让大家有点消受不了。小主人最近经常躲在屋子里，不再在院子里跑来跑去了。我们蕨类植物面临一个大问题，就是如何度过夏天。小主人仔细地思考之后，索性

把原来的小凉棚拆掉，搭了一个更大的凉棚。凉棚的外面盖上了遮阳网，遮阳网能够防止强光照射植物，但又不是完全地阴暗，透过来的光完全够植物生长。小主人把盆栽的蕨类植物一起挪进了凉棚，这样照料起来就非常方便了。小主人还决定每天多给我们喷几次水，看来夏天也不那么难熬了。

# 我长出了孢子囊

7月15日 周日 晴

最近，我的叶子背面的叶脉上起了很多的小包。小包都是褐色的，一个挨着一个，上面好像还有一些粉状的物质。虽然它们不痛也不痒，但是还是非常影响我的形象。小主人，我是不是生病了啊？身边年纪大的蕨类植物告诉我不用

害怕，我并没有生病，这些小包可是我成熟的表现，叫作"孢子囊"。我们蕨类植物不能开花，没有办法直接告诉大家我们长大了，但我们也有我们的方式，这就是孢子囊的出现，它是我们的"花"。蕨类植物的孢子囊有褐色的，还有绿色的；有的形状很规则，有的形状非常不规则，仔细观察起来也是非常有趣的。

# 我没有种子，但我有孢子

7月17日　周二　晴

孢子囊成熟之后就会裂开，孢子就从里面散了出来。蕨类植物没有种子，孢子就相当于我们的种子。除了蕨类植物，菌类植物的繁殖也是需要依靠孢子的。这个孢子可不是小主人爱吃的包子哦。孢子的体积非常小，用肉眼看起来非常费劲。就是这小小的孢子还包括同型和异型两大类。一般来说，比较高级的蕨类植物的孢子是异型孢子。孢子虽小，却很有志气，它们成熟之后就会离开母体，等到环境适宜，就会发育成为新生命。

# 要好好地收集孢子哦

7月22日 周日 晴

有一些蕨类植物的孢子快要成熟了，现在是收集孢子的好时候。小主人和爸爸要了很多硫酸纸做的小袋。已经有好几种蕨类植物的孢子都可

以采集了，要一种一种地采集，这样等种植的时候就更好选择了。小主人先选择了一种蕨类，这种蕨类的孢子囊刚要脱落，孢子还没散出来。小主人把密生着孢子的叶片，从叶柄基部剪了下来，用报纸包好，放在干燥通风的地方。等过几天，打开报纸就能看见一些粉状物，这就是孢子。现在只要将这些孢子放进硫酸纸袋里就好了。

# 我的孢子被贮藏起来了

7月25日 周三 晴

　　我们的孢子并不像种子那样，外面有厚厚的壳保护着，但孢子的生命力可不比它们差。当然，越新鲜的孢子的萌发率越高，采下来之后，最好能马上播种。如果不能播种，那就要存放在冰箱里，这样能够延长孢子的寿命。一般绿色孢子的寿命比较短，只有几天，甚至只有 2-3 天，而褐色的孢子的寿命可达 3-5 年。孢子也有长寿的，寿命能够达到 70-80 年。每个孢子都是一个新的生命，小主人，你要保护好这些小生命啊。

# 珠芽也可以繁殖

7月27日 周五 晴

铁线蕨的叶子顶端生有珠芽，这些珠芽着地后就会迅速生根。小小的珠芽生根之后，并没有离开母体，依旧连在母体之上。院子里那几棵铁线蕨，每棵都有好几片叶子着地，在它们的周围有好多珠芽已经生了根。那个小家族的规模也

是越来越大。小主人为了让小的植株生活得更好，他用锋利的剪刀将小植株和母株分离开。这时可以在小植株附近培点土，但是不要埋得太深。小主人还拿来了喷壶，仔细地喷了一遍水。喷完水的小植株，开心地摇动着小的叶片，相信在不久的将来，它们就会成长起来。

# 生长需要的营养

8月1日 周三 晴

今天，小主人又给我追了一些肥。他每个月都会给我追施一些肥料，所以我能吸收到足够的营养，生长起来充满了力量。有一些蕨类植物在一年之中没有明显的休眠期，一直都在生长，需要定期追肥。我们植物需要的养分主要有两大类，一类是矿物质，另一类是有机物。矿物质包括氮、磷、钾、钙、镁、铁，这些元素都是我们需要的，其中我最喜欢的是氮。充足的氮可以让我的叶片生长得更加漂亮，所以小主人给我的追肥，也以氮肥为主。我还很喜欢有机肥，所有的植物都很喜欢有机肥，就是有机肥有时有些味道，小主人不喜欢。

# 我没有办法呼吸了

8月11日 周六 晴

今天，小主人和朋友们在我们旁边的空地上烧烤，空气中充满了食物的味道，小主人看起来很开心，但是我们这些植物就没有那么开心了。空气里的氧气有很多去支援燃烧了，我们制造氧气的速度远远赶不上消耗。烧烤的炉子越来越

旺，空气中的氧气越来越少，其他不知道是什么的气体越来越多，还有阵阵的烟飘过来，能见度那叫一个低，我们变得越来越没有精神，呼吸也不那么顺畅。小主人，如果我们植物有脚，一定早就跑开了。看在你那么开心的份儿上，今天我们就忍了，可不要有下次了。

# 我们都喜欢太阳

8月15日 周三 晴

今天，我发现了一件非常有趣的事情。摆在墙边的一排花，朝向太阳那一面的叶子生长的非常茂盛，背向太阳一面就相对有些弱。一排花好像听到了口令一样，都微微歪向了太阳。小主人说，植物都具有这种特性，不过有些花可能表现的更明显一些。例如说，院子里的向日葵，花盛开的时候，一定笑眯眯地朝向太阳，就是这个原因。其实，植物还有很多现象都是天生的。我们从一生下来，就知道茎和叶要努力向天空的方向生长，根要努力地扎入土壤中，在黑暗之中寻找水源。

# 肥料太多了，我没办法吸收

8月18日　周六　晴

这几天小主人不知道干什么去了，居然忘记给我浇水了。外面的温度越来越高，土壤中的水渐渐蒸发出来，我身体里的蒸腾作用也一直没有停止，总而言之，我缺水了。上次追肥的时候，还有一些肥料没有被我吸收掉，残留在土壤之中。我的根接触到肥料，有点火辣辣的痛。这种情况要是持续下去，我的根就会受伤，那可是要命的事情啊。好在，小主人还没把我彻底忘掉了，及时地给我灌了水。土壤中的肥料被稀释了，我也舒服多了。

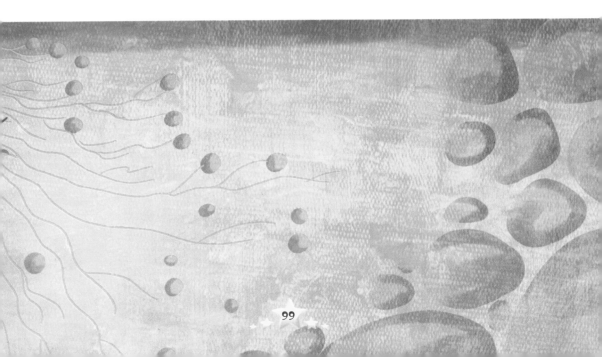

# 我的叶柄也能繁殖

8月20日　周一　晴

　　院子里生长着一些美丽的蕨类植物，它们长着长长的叶柄或根状茎。这些部位生有芽眼的地方接触到土壤，就能够生根。这些蕨类植物通过这种方式，在适宜的环境之中，能

够生长出好多小植株。小主人仔细地寻找着它们叶柄上长有芽眼的地方，在这些地方培上一些土，看起来就是隔一段叶柄，压了一个小土包，一条叶柄上连续有好几个小土包。等过一段时间，这些小土包下面的叶柄上就会生长出根，而其上会生长出芽。等芽变得健壮一些，就可以把它们切离母体。

# 不要太热，也不要太冷

8月25日 周六 晴

今天的温度格外地高，即使在凉棚之中，还是能够感受到外面的热浪。我喜欢待在阴凉的地方，但是总体来说还是喜欢温暖的生活环境。如果非要说一个数值的话，我最喜欢

18℃-27℃的温度。还有，阴凉可不是越冷越好，我对低温是非常敏感的。蕨类植物分为耐寒、半耐寒和不耐寒三种类型。就我而言，我应该属于半耐寒的品种吧。我可以短时间忍受 0℃的低温，但是要是长时间生活在这种温度下，估计过不了多久，我就会冻死了。不要太热，也不太冷，给我一个舒服的环境吧。

# 我长出了块茎

9月1日 周六 晴

最近，我的根状茎上长出了几个小块。我真是佩服我的根状茎，小小的根状茎居然长了这么多的东西，要是没有根状茎，我可怎么办。接着说这个小块，它并不大，只有1-2

厘米那么大，肉肉的，嫩嫩的外皮外面长着一些鳞毛，有那么一点毛茸茸的感觉。这些小块也有着自己的名字，叫作"块茎"。我们的块茎具有繁殖能力，还有一些蕨类植物的块茎可以供给人类作为食物，是非常有用的部分。我没有真正的茎，却长着很有用的根状茎和块茎，天生我材必有用！

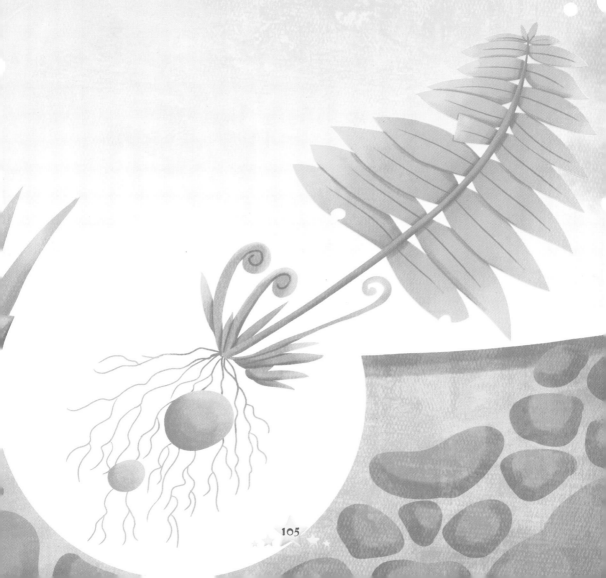

# 好大的风啊

9月10日 周一 大风

从早上开始，就有一阵阵的风吹过。不比前一阵和煦的微风，这些风要强硬许多，一点儿情面不留地刮过，院子里的植物被刮得东倒西歪，连凉棚上的遮阳网都被刮飞了一大半。小主人和他的爸爸赶紧把院子里的好多花搬到屋里。到

了屋里，我们才算长长地喘了一口气。不过，可苦了种在院子里的那些植物。它们不能进来，只能站在风中，尽量顺风势倒过去。希望它们不要被吹倒了，希望大风快点停止吧。后来风渐渐停了，小主人赶紧出去，把吹倒的植物扶起来，重新压了一些土。希望大家都快点好起来。

# 我能够用块茎繁殖

9月15日 周六 晴

　　头几天的一阵大风过后，小主人损失了不少的植物，院子里有一些地方空了下来，小主人决定再种一些蕨类植物。他选择了一些成熟的块茎。这些块茎已经变成褐色，圆滚滚的，含有很多水分，每块块茎上还带有一段匍匐茎。小主人

选择了一块排水好、透气好的土壤，把这些块茎埋了进去。他很认真地把土拍实，相信过不久就会有新的植株长出来。这些小植株长出来，就会被重新种进花盆里，搬进室内，度过即将到来的冬天。

# 我孕育出了新的生命

9月22日 周六 晴

我的孢子现在也已经成熟了，小主人把成熟的孢子采集起来以后，还有一些零星的孢子留了下来。别小看这些小小的孢子，它们的体内正在进行着非常复杂的反应。孢子在适

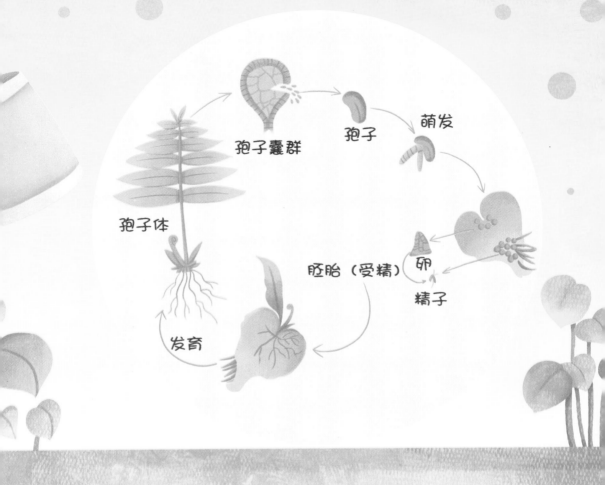

孢子囊群　　孢子　　萌发

孢子体

胚胎（受精）　卵

精子

发育

宜的条件下发育成了配子体。这些配子体也非常微小，但是它们的体内还含有叶绿体。有一些蕨类植物的配子体生长在地下，还有一些蕨类植物的配子体生长在地上。后来，配子体分化出了精子器和颈卵器，它们分别产生精子和卵子。等精子和卵子结合，新的生命就这样产生了。

# 小主人帮我摘掉了一些叶子

9月25日 周二 晴

早上一阵风吹过，树叶又落了一大片。很多植物的树叶悄悄地褪去了绿色，染上了金色或红色，看起来有那么一丝丝凄凉，不过小主人说，这个季节大多数植物的果实和种子都成熟了，这是收获的季节。我还是有那么一点点沮丧，因为我没有果实，没什么可以让小主人收获的。小主人却说，蕨类虽然没有果实，但是它们的块茎对于人类来说也是很有用途的，所以这个季节也属于我们。这么说来，我的心里要舒服多了。

# 我也有叶子变黄了

10月10日 周三 晴

　　我的叶子也渐渐变黄了，有一些已经开始枯萎了。秋天真的是来临了。虽说有些植物四季常青，一年都在生长，但是，秋天对于大家来说，都是一个准备休息的季节了，我们也不得不放慢生长的脚步。小主人用剪刀把我枯黄的叶子都剪掉了，这样才能让我的根状茎和块茎储存更多的营养，为即将来临的冬天做准备。院子里好多一年生的植物已经完成了它们自己的生命历程，不过，这并不代表结束。植物的种子已经被保存了起来，生命一定会延续下去。

# 又要准备过冬了

11月1日 周四 小雪

种在花盆中的花已经都被搬入了室内。原本种在院子里的植物，也差不多都被临时种到了各种各样的花盆里，搬进了各自过冬的地方。还有一些非常抗寒的植物，它们的地上部分已经被截掉了，根部被厚厚的土壤埋了起来，这就是它们过冬的棉被。大家都为过冬做好了准备，小主人，你有没有做好准备。外面飘起了纷纷扬扬的雪花，冬天真的来临了，在外面的大家一定要坚持住，春天一定很快就会到来。

# 我的邻居开始睡觉了

11月5日　周一　小雪

搬进室内的花，有一些仍旧是郁郁葱葱，仍旧努力地生长着，只是放缓了生长的速度。还有一些植物干脆就开始了休眠，只有这个冬天睡得好，明年才更有力量生长。我还在思考要不要睡个长觉呢。屋子里渐渐静了下来。小主人，虽然我们要过冬了，但是，我们这些还在生长的植物，还是需要你的精心照料。浇水的时间可以拉长一些，你可以看我们的土壤，土的表层干透了，一次性浇透就可以了。这个冬天就拜托给你了。

# 又是一年的春天

4月1日 周一 晴

又是一个明媚的春天，在暖暖的春日里，小主人已经开始挑选各种各样的花盆了。不管别的植物，至少我生长得非常快。虽然我在冬天已经长的很慢了，但是现在也已经长成

了一大盆。我的根系也占满了整个盆，这个春天我需要分成几个小盆来生长了。小主人继续开心地准备着基质、肥料，给各种各样的工具消着毒。春天里，越冬的植物也会从休眠中醒过来，新的种子也要被播种下去。相信在不久的将来，小小的院子又会热闹起来。大家好久不见，有没有想我啊？